Sebastian Kerski, Jessika Becker, Axel Gronbach

# Entwicklung eines Analyseverfahrens zur Bestimmung von pharmazeutischen Kreuzkontaminationen an Laborglas und Herstellungsgeräten

GRIN Verlag

**Bibliografische Information der Deutschen Nationalbibliothek:**

Die Deutsche Bibliothek verzeichnet diese Publikation in der Deutschen National-
bibliografie; detaillierte bibliografische Daten sind im Internet über http://dnb.d-
nb.de/ abrufbar.



**Impressum:**

Copyright © 2009 GRIN Verlag, Open Publishing GmbH
Druck und Bindung: Books on Demand GmbH, Norderstedt Germany
ISBN: 978-3-640-95961-7

# Entwicklung eines Analyseverfahrens zur Bestimmung von pharmazeutischen Kreuzkontaminationen an Laborglas und Herstellungsgeräten

Projektarbeit 2008 / 2009


Jessika Becker

Axel Gronbach

Sebastian Kerski


Heinrich-Hertz-Berufskolleg Düsseldorf

# Inhaltsverzeichnis

## 1.    Einleitung und Ziel der Projektarbeit

Das Projekt-Team setzte sich zum Ziel, eine Analysenmethode zu entwickeln, mit der kritische Kreuzkontaminationen von pharmazeutischen Substanzen nachgewiesen werden können. Weitere notwendige Zielsetzungen sind die Auswahl von kritischen Substanzen anhand eines Produktportfolios, sowie die Untersuchung von Laborglas- und Herstellungsgeräten in der Pharmazeutischen Industrie.

## 2.    Bedeutung der Projektarbeit für die Firma Labtec

Bei der Herstellung und Analyse von Arzneimitteln kann die Produktqualität durch Übertragung von Produktrückständen über das eingesetzte Equipment in das nachfolgende zu fertigende oder zu prüfende Produkt beeinträchtigt werden. Dies nennt man Kreuzkontamination. Die Verhinderung von Kreuzkontaminationen ist in der pharmazeutischen Industrie zwingend erforderlich.

Die Vermeidung von Kreuzkontaminationen wird durch den Einsatz spezieller Reinigungsverfahren der eingesetzten Labor-Herstellungs- und Reinigungsgeräte sichergestellt. Dabei werden unerwünschte Rückstände weitestgehend kontinuierlich und reproduzierbar entfernt und die Qualität und Reinheit von Arzneimitteln gewährleistet.

Mit einer Reinigungsvalidierung wird der Nachweis erbracht, dass ein Reinigungsverfahren für diesen Zweck geeignet ist. Dazu ist der Validierungsumfang, unter Berücksichtigung des Produktportfolios und des eingesetzten Equipments, sinnvoll festzulegen sowie Akzeptanzgrenzen zu definieren und geeignete Probenahmetechniken und Analysemethoden zu entwickeln.

Mögliche verbleibende Rückstände müssen durch Analyseverfahren qualitativ und quantitativ nachgewiesen werden können. [1]

Diese Projektarbeit orientiert sich an Vorgaben einer Reinigungsvalidierung, beinhaltet diese jedoch nicht. Stattdessen werden orientierende Empfehlungen für ihre Durchführung behandelt.

---

[1] CLAUDIA GRZESZKI, ROLF PIEPHO, Reinigungsvalidierung in der Herstellung fester Arzneiformen, Pharm. Ind. 70, Nr. 4, Seite 523-529 (2008), ECV Verlag Aulendorf.

## 3.    Labtec GmbH

Die Firma „Labtec Gesellschaft für technologische Forschung und Entwicklung mbH" ist ein mittelständisches deutsches Unternehmen. Sie wurde im Jahre 1990 von Dr. Günter Cordes, einem ehemaligen Mitglied der Geschäftsführung und des Vorstandes der Firma Schwarz Pharma in Mohnheim am Rhein, gegründet.[2] Der Sitz der Firma ist seit 1993 im rheinländischen Langenfeld. Die Stadt Langenfeld liegt südöstlich von Düsseldorf und nördlich von Köln.

Die Labtec GmbH übernimmt Forschungs- und Entwicklungsarbeiten sowie Auftragsentwicklungen und Analytik für zahlreiche Firmen aus der Pharmaindustrie. Spezialisiert hat sich Labtec dabei unter anderem auf arzneimittelhaltige Pflasterprodukte, sogenannte Transdermale Therapeutische Systeme (TTS). Die TTS geben Wirkstoffe über die Haut in das darunter liegende Gewebe und die Blutgefäße ab. [3]

Seit 1995 hat Labtec eine Reihe von Produkten entwickelt. Darunter fällt das Fentanyl TTS, ein Pflaster, welches zur Therapie von chronischen Schmerzzuständen angewendet wird, und das Dermestril® TTS zur Behandlung von Wechseljahresbeschwerden.

Weitere von Labtec entwickelte Produkte sind das Zalain® Nagelpflaster zur Bekämpfung einer krankhaften Nagel Veränderung, das Bite-Patch zur Linderung eines Juckreizes nach Insektenstichen und Pflaster für die inhalative Therapie von Erkältungskrankheiten. Derzeit  sind bei Labtec Wirkstoffpflaster zur Behandlung von mittelschweren bis schweren chronischen Schmerzen,  von Herpes (LabiPatch®), der Alzheimer Krankheit und der Parkinson-Krankheit in Entwicklung.

Des Weiteren entwickelt Labtec RapidFilme®. Der RapidFilm® ist ein dünner Film, der auf der Zunge des Patienten zergeht und den Wirkstoff schnell freisetzen kann. Dies ist

---

[2] LABTEC GMBH, www.labtec-pharma.com, Stand: 19.12.2008.

[3] TESA AG, www.tesa.de - Presse „tesa AG übernimmt Labtec GmbH", Stand: 19.12.2008.

bei Patienten mit Schluckbeschwerden ein großer Fortschritt in der Arzneimittelverabreichung.

Die Labtec GmbH beschäftigt derzeit 35 hochqualifizierte Mitarbeiter, meist mit chemischer oder pharmazeutischer Ausbildung. Seit dem 17. Dezember 2008 ist Labtec eine 100% Tochter der Firma tesa AG.

Das sicherlich bekannteste Produkt der Firma tesa ist der Klebebänder sowie selbstklebende Systemlösungen für Endverbraucher und die Industrie. Tesafilm®. Unter der Dachmarke entwickelt, produziert und vermarktet die tesa-Gruppe. Durch den Kauf von Labtec wird tesa in Zukunft verstärkt in der Medizin- und Gesundheitstechnik aktiv werden. Das Pharma Forschungszentrum wird auch in Zukunft in Langenfeld ansässig sein.

Derzeit wird in Hamburg eine Produktion gebaut, die es der neu ausgebauten Labtec GmbH, unter dem Dach der tesa AG, ermöglichen wird, selber neue Produkte zu entwickeln und herzustellen.

# 4. Projektablauf

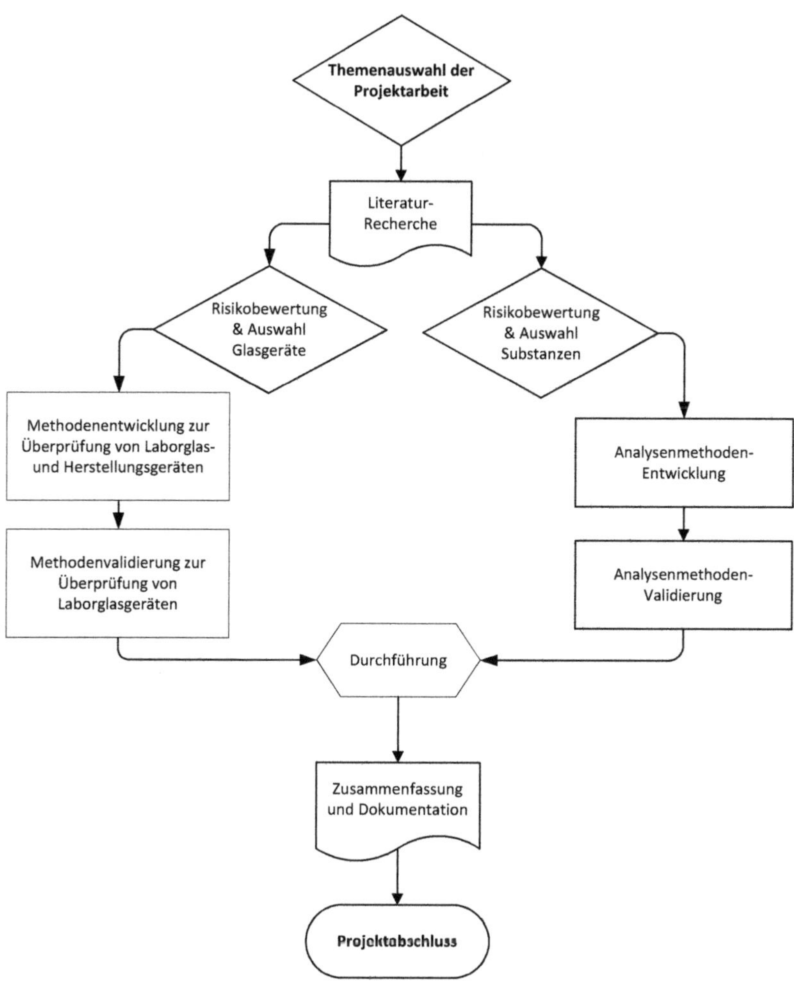



Abbildung 4-1 - Projektablauf

# 5.    Begriffe und Definitionen

## 5.1    Kreuzkontaminationen

Unter Kreuzkontaminationen wird in der pharmazeutischen Industrie die Übertragung von pharmazeutischen Wirk- und Hilfsstoffen von einem Produkt oder einer Charge zu einer anderen verstanden. Als direkter Übertragungsweg kommen die eingesetzten Labor- Herstellungs- und Reinigungsgeräte in Frage.

## 5.2    Validierung und Reinigungsvalidierung

Durch die Validierung wird der dokumentierte Beweis erbracht, dass ein Prozess oder ein System die vorher spezifizierten Anforderungen im praktischen Einsatz erfüllt.[4]

Bei einer Reinigungsvalidierung muss der dokumentierte Beweis erbracht werden, dass ein festgelegtes und beschriebenes Reinigungsverfahren reproduzierbar zum gewünschten Erfolg führt. Die Reinigungsvalidierung stellt sicher, dass alle produktberührenden Oberflächen des Laborequipments oder einer  Produktionsanlage so gereinigt werden, dass Kreuzkontaminationen zwischen verschiedenen Produkten sowie Rückstände des Reinigungsmittels über einen bestimmten Grenzwert in der als nächstes hergestellten Charge ausgeschlossen werden können.

---

[4] LABTEC GMBH, Standard Operating Procedure, Nummer 030, Version 3.

## 6.  Gesetzliche Forderungen und Richtlinien

Die Verhinderung von Kreuzkontaminationen ist in der pharmazeutischen Industrie zwingend erforderlich. Deshalb fordern die Gute Herstellungs Praxis (GMP und cGMP) und ICH-Richtlinien (International Conference on Harmonisation of Technical Reqiurements of Pharmaceuticals for Human Use) validierte Reinigungsprozesse.

Unter den Richtlinien, die die Durchführung der Reinigungsvalidierung beschreiben, ist das PIC/S-Dokument PI 006-3 hervorzuheben, welches zu dieser Thematik ausführlich Stellung bezieht. Das PIC/S (Pharmaceutical Inspection Cooperation Scheme) ist ein internationales Programm zur Zusammenarbeit im Bereich der pharmazeutischen Überwachung.

Als weitere Richtlinien sind der Anhang 15 des EG-GMP Leitfadens der Guten Herstellungs Praxis und der „Guide to Inspection of Cleaning Validation" der FDA zu nennen.

Unter der Guten Herstellungs Praxis, werden Richtlinien zusammengefasst, die in der pharmazeutischen Herstellung von Arzneimitteln und Wirkstoffen aber auch in der Lebensmittelherstellung der Qualitätssicherung dienen. In der Europäischen Gemeinschaft stellt die Europäische Kommission das überwachende Organ dar. In den Vereinigten Staaten wird dies von der FDA, der amerikanischen Gesundheitsbehörde, übernommen.

## 7.    Risikobewertung von kritischen Substanzen

Eine Risikobewertung dient der Identifikation und Selektion von kritischen Substanzen, den sogenannten „worst case" Stoffen, die bei einer Reinigung sehr schwer von Laborglas- und Herstellungsgeräten zu entfernen sind.

Ist im Portfolio eine große Anzahl an Substanzen vorhanden, so kann vor dem Hintergrund von Wirtschaftlichkeit, Zeitersparnis und Ressourcenschonung der Umfang einer Reinigungsvalidierung durch eine Risikobewertung reduziert werden. Dies kann zum Beispiel durch eine Fehler-Möglichkeits-Einfluss-Analyse (FMEA) oder der HACCP (Hazzard Analysis Critical Control Points) erfolgen. Bei der FMEA wird das potenzielle Risiko mit Hilfe von Faktoren bewertet. Eine mehrstufige Risikoabschätzung, um Gefahren und kritische Punkte zu ermitteln und deren Risiken auf ein Mindestmaß zu beschränken, kann durch eine HACCP erreicht werden.

In der Projektarbeit wurden bei der Risikobewertung zur Identifizierung Eigenschaftsklassen von kritischen Parametern gebildet. Kriterien für solche Eigenschaftsklassen sind die physikalischen und chemischen Eigenschaften der Substanzen. Die Löslichkeit in Wasser wurde als der kritischste Parameter identifiziert. Dieser Parameter beruht auf dem eingesetzten Reinigungsverfahren, welches mit Wasser und zugesetzten Reinigungsmitteln alle Verunreinigungen von Laborglas- und Herstellungsgeräten mit hoher Effektivität entfernen muss. Weiter wurde der chemisch-strukturelle Aufbau, die Löslichkeit in organischen Lösemitteln sowie der Säure- und Base-Charakter bewertet.

Die pharmakologische Wirksamkeit kann in der Routineanalytik weitgehend vernachlässigt werden, dagegen besteht in der pharmazeutischen Herstellung ein überaus erhöhtes Risiko. Die Auswirkungen von Kreuzkontaminationen, beispielsweise durch hochpotente Opioide, können schwerwiegende Folgen mit sich bringen. Dennoch wird im Angang 15 des EG-GMP Leitfadens beschrieben:

„Ausnahmsweise können Produkte, die die physikochemischen Eigenschaften der zu beseitigenden Substanzen simulieren, statt der Substanzen selbst verwendet werden, wenn diese entweder toxisch oder gefährlich sind."[5]

Aufgrund dieser Ausnahmeregelung wurden bestimmte Substanzen, wie Hormone, Zytostatika und auch hochpotente Opioide, nicht in eine weitere Betrachtung aufgenommen.

Das Produkt- und Substanzportfolio der Firma Labtec GmbH hält eine hohe Anzahl von pharmazeutischen Substanzen bereit. Zunächst musste eine Gesamtauflistung der über 50 Substanzen, mit den für die Risikobewertung notwendigen Stoffcharakteristika, erstellt werden. So konnte eine genaue Selektion, unter anderem auf schlechte Wasserlöslichkeit, erfolgen.

Um mit einer geringen Anzahl an kritischen Substanzen einen breiten Bereich abzudecken, wurden auch andere Faktoren, wie verschiedene chemische Strukturen, organische Säuren und Basen, Verfügbarkeit und derzeitige Verwendung, praktische Erfahrungswerte und Kundenwünsche, berücksichtigt.

Die Auswahl wurde auf fünf pharmazeutische Wirkstoffe festgelegt: Aciclovir-HCl, Donepezil-Base, Ketoprofen-HCl, Naloxon-Base und Propafenon-HCl.

---

[5] EG-GMP LEITFADEN, ANHANG 15, PUNKT 42, SEITE 8, JULI 2001.

## 8.    Kritische Substanzen

Die bei Labtec eingesetzten kritischen Substanzen sind pharmazeutische Wirkstoffe und werden bis auf Propafenon zu arzneimittelhaltigen Pflastern, sogenannten Transdermalen Therapeutischen Systemen (TTS) oder zu RapidFilmen® verarbeitet.

### 8.1    Aciclovir HCl

Aciclovir ist ein Virostatikum. Es hemmt den Stoffwechsel von infizierten Zellen, hemmt dadurch die Vermehrung von Herpesviren und findet Anwendung bei der Behandlung von Lippenherpes.

### 8.2    Donepezil Base

Donepezil ist ein Wirkstoff zur Behandlung von Alzheimer. Es soll die Symptome der Demenz lindern und für kurze Zeit aufhalten. Donepezil wird in RapidFilmen® verarbeitet.

### 8.3    Ketoprofen HCl

Ketoprofen ist ein Analgetikum aus der Gruppe der nichtsteroidalen Antirheumatika (NSAR) und wird bei Gelenkerkrankungen und rheumatischen Schmerzen eingesetzt.

### 8.4 Naloxon Base

Naloxon wird als Antidot (Gegenmittel) bei Opiat-Überdosierung, zum Beispiel durch Heroin, verwendet. Bei der Einnahme von Opiaten setzen sich die Agonisten des Opiats an die Rezeptoren und beeinflussen somit die „normalen" Reize von tierischen Zellen. Naloxon, auch als Opiatantagonist bezeichnet, verdrängt die Agonisten des Opiats und hebt somit Koma und die atembehindernde Wirkung bei Opiatvergiftung auf.

## 8.5    Propafenon HCl

Propafenon gehört zur Klasse der Antiarrhythmika und findet Anwendung bei Herzrhythmusstörungen, die mit zu schnellem Herzschlag verbunden sind. Es verzögert die Geschwindigkeit, mit der das Signal über den Herzmuskel geleitet wird. Dadurch können pro Minute weniger Stromsignale über den Herzmuskel wandern - die Herzfrequenz sinkt.

## 9.  Säure-Base Umsetzung

Die ausgesuchten fünf Substanzen besitzen zum Teil einen Base-Charakter und sind damit schlechter wasserlöslich, als die mit Säure-Charakter. Aus betrieblichen Gründen mussten zwei der kritischen Substanzen mit Säure-Charakter chemisch umgesetzt werden.

Zur Herstellung von Naloxon-Base und Donepezil-Base aus den Hydrochlorid-Salzen, wurde folgende Umsetzungsvorschrift erarbeitet:

Für die Herstellung muss 1g des Stoffs mit Säure-Charakter in einem 50ml Schütteltrichter überführt und in 10ml Milli-Q-Wasser gelöst werden. Anschließend werden 5ml Dichlormethan und 2ml Ammoniumchlorid-Ammoniak-Pufferlösung mit einem pH-Wert von 10 nacheinander hinzugefügt. Nach Zugabe der Puffer-Lösung ist eine Ausfällung der umgesetzten Base zu beobachten, die sich unter schütteln in der organischen Phase löst. Nach vollständiger Ausfällung wird die organische Phase in einem abgedeckten 100ml Becherglas gesammelt. Die wässrige Phase wird weitere drei Mal mit Dichlormethan extrahiert, um eine vollständige Trennung der Base von der Pufferlösung zu erzielen. Für eine möglichst optimale Ausbeute wird der wässrigen Phase ein weiteres Mal die Pufferlösung zugetropft. Ist keine Ausflockung zu beobachten, kann die wässrige Phase entsorgt werden. Der in Dichlormethan gelöste Stoff wird in einem Scheidetrichter mindestens sechs Mal mit jeweils 20ml Milli-Q-Wasser gewaschen bis der pH-Wert des Wassers neutral ist. Um der Base die Feuchtigkeit zu entziehen wird der Lösung 2g Natriumsulfat, welches zur Trocknung vorgeglüht und im Exiccator abgekühlt wurde, hinzugefügt. Anschließend wird die Lösung in einem Rundkolben filtriert und in einem Rotationsverdampfer zunächst ohne Vakuum bei 35°C einrotiert. Abschließend wird die Mischung bei 45°C und bei einem Vakuum von 20mbar/hPa einrotiert.

Zum Nachweis der vollständigen Umsetzung werden die getrockneten Edukte und Produkte soweit möglich in Wasser gelöst und der pH-Wert bestimmt.

Die pH-Werte der Hydrochloridsalzformen von Naloxon und Donepezil zeigen einen sauren pH-Wert im Gegensatz zu den Hydroxidsalzformen welche einen basischen pH-

Wert aufweisen. Zudem sind letztere bereits bei der Umsetzung schlechter in der wässrigen Phase löslich.

## 10. Analysenmethodenentwicklung

### 10.1    Anforderungen an die Analysenmethode

Die Anforderungen an die zu entwickelnde Analysenmethode waren folgende:

- Qualitative als auch quantitative Aussagen zu der Anwesenheit der Wirkstoffe,

- niedrige Nachweis- und Bestimmungsgrenze,

- Nachweisbarkeit aller Substanzen mit Hilfe von nur einer Methode.


### 10.2    Auswahl der Analysenmethode

Nachdem die fünf kritischen Wirkstoffe ausgewählt wurden, musste eine Analysenmethode gefunden werden, die sämtliche Ansprüche erfüllt.

Die Dünnschichtchromatographie (DC) lässt nur eine grobe qualitative Charakterisierung der Stoffe zu und wird daher selten in pharmazeutischen Labors zur quantitativen Analyse verwendet. Die Gaschromatographie (GC) ermöglicht zwar eine selektive Trennung, sie kann jedoch nur für Stoffe genutzt werden, die sich bei Temperaturen von 300°C unzersetzt verdampfen lassen. Aufgrund der Empfindlichkeit der meisten pharmazeutischen Stoffe findet die GC seltener als die HPLC ihren Gebrauch in der Pharmazie.

Die Hochleistungsflüssigkeitschromatorapie, kurz HPLC, ermöglicht es, eine genaue qualitative und quantitative Aussage über pharmazeutische Substanzen zu treffen, und ist in der Pharmazie eine der meistverwendeten Analysemethoden. Sie ermöglicht eine selektive und genaue Trennung von Stoffen, sodass selbst geringe Mengen von Verunreinigungen oder Kreuzkontaminationen nachweisbar sind.

Als Analysenmethode wurde eine HPLC-Analyse ausgewählt. Zusätzlich zu der Zuordnung über die Retentionszeit können mit Hilfe von Dioden-Array-Detektoren ganze Spektren einer Substanz aufgezeichnet werden.

## 10.3    Grundlagen der HPLC

Bei der Hochleistungs-Flüssigkeits-Chromatographie (HPLC) besteht die mobile Phase aus einer Flüssigkeit, welche mit einer speziellen Pumpe durch die feste, stationäre Phase befördert wird.

Die mobile Phase (auch Eluent genannt) befindet sich in einem Vorratsgefäß, welches durch einen Ansaugschlauch mit einer HPLC-Pumpe verbunden ist. Die Pumpe fördert den Eluenten aus dem Lösemittelvorrat mit einer konstanten Flußgeschwindigkeit durch das chromatographische System.

Die Pumpe fördert den Eluenten in Richtung Injektor durch das System. Mit Hilfe des Injektors wird ein bestimmtes, vorgegebenes Volumen der Probenlösung in das HPLC-System injiziert. Der Injektor enthält eine sogenannte „Probenschleife", die mit einem bestimmten Probenvolumen gefüllt wird. Diese Schleife wird nach dem Füllen über eine Ventilschaltung, auch Sechs-Wege-Ventil genannt, in den Fluss der Pumpe geschaltet. Auf diese Weise wird die Probe mit der mobilen Phase auf die Trennsäule transportiert.

Die Trennsäule befindet sich in einem  temperierten Ofen.  Die Säule besteht aus einer dicht gepackten, hochporösen, stationären Phase (meist modifiziertes Kieselgel), an der der eigentliche Trennprozess erfolgt. Die Probenkomponenten werden von der Säule unterschiedlich lang retardiert und nacheinander zum Detektor transportiert, in dem die Messung der Probenkomponenten stattfindet.

Der Detektor sendet die Messsignale an einen Computer weiter. Hier wird das Signal gegen die Analysenzeit aufgetragen und man erhält ein sogenanntes „Chromatogramm", das grafische Ergebnis einer chromatographischen Analyse. Die einzelnen Substanzen erscheinen in diesem Chromatogramm als „Peaks". Dies sind Spitzen in der graphischen Darstellung des Messsignals, mit denen dann anhand von Zeit und Größe Rückschlüsse auf die Identität der Substanz und ihrer Konzentration gemacht werden können. Als Detektoren kommen bei der HPLC vor allem Dioden-Array-Detektoren (DAD), UV/VIS-Detektoren und Brechnungsindexdetektoren (RI) zum Einsatz, abhängig davon welche Eigenschaften die zu analysierenden Substanzen besitzen und welche Empfindlichkeiten gefordert sind.

### 10.3.1 Funktionsprinzip

Die HPLC beruht auf der Adsorptionschromatographie, bei der die Auftrennung durch wiederholte Adsorption und Desorption erfolgt.

Beim Adsorptionsvorgang lagert sich ein mit der mobilen Phase herangetragener Stoff an der Oberfläche der festen, stationären Phase an. Für die Adsorption können relativ schwache physikalische Kräfte (Van-der-Waals-Kräfte) oder stärkere chemische Anziehungskräfte verantwortlich sein.

Für die chromatographische Trennung ist es wichtig, dass bei den Grenzflächenreaktionen die Kräfte nicht zu stark sind. Hinzu kommt, dass die Vorgänge umkehrbar („reversibel") bis zur Gleichgewichtseinstellung ablaufen müssen.

Man unterscheidet prinzipiell zwischen zwei Arten der chromatographischen Trennung.

### 10.3.2 Normalphasen HPLC (NP-HPLC)

Bei der Normalphasen HPLC besteht die stationäre Phase aus einem porösen Kieselgelmaterial. Dieses Silicagel ist hoch polar, da es an der Oberfläche freie Hydroxylgruppen (R-OH) besitzt. Um nun Chromatografie durchzuführen, muss die mobile Phase unpolarer als die stationäre Phase sein.

Dementsprechend kommen bei der NP-HPLC unpolare, organische Lösungsmittel wie Hexan, Benzen etc. zum Einsatz.

### 10.3.3 Umkehrphasen HPLC (RP-HPLC)

Bei der Umkehrphasen HPLC (RP-HPLC, aus dem engl. für reversed phase) verhalten sich die Polaritätsverhältnisse umgekehrt zur Normalphasen HPLC.

Die stationäre Phase in der Säule ist ein unpolares, modifiziertes Kieselgel (unpolare Alkylketten auf der Oberfläche anstatt polarer OH-Gruppen). Als Eluenten kommen demnach polare Lösungsmittel zum Einsatz. Das wichtigste Lösemittel dieser Art ist Wasser, gefolgt von Acetonitril ($CH_3CN$) und Methanol ($CH_3OH$). Der Vorteil der RP-HPLC liegt vor allem darin, dass die Eluenten leichter zu handhaben sind und eine große Fülle von Substanzen in Wasser oder Mischungen aus Wasser und Acetonitril/Methanol löslich sind.

### 10.3.4    Die mobile Phase

Als mobile Phase kommen je nach eingesetzter stationärer Phase, unpolare und polare Lösungsmittel in Betracht.

Es müssen bestimmte Anforderungen erfüllt werden:

- Die Probe muss im Eluent löslich sein und darf keine chemischen Reaktionen mit dem Eluent eingehen.

- Die stationäre Phase muss vom Eluent benetzt werden.

- Der Eluent darf zum Beispiel für eine UV-Detektion bei der Messwellenlänge keine nennenswerte Eigenabsorption besitzen.

### 10.3.5    Gradientensysteme

Bei der HPLC kann man zwischen zwei verschiedenen Betriebsarten unterscheiden. Viele Pumpen können isokratisch oder im Gradientenbetrieb fördern.

Unter einer isokratischen Elution versteht man, dass über die gesamte Zeit der Analyse ein Eluent mit gleich bleibender Zusammensetzung (zum Beispiel 50% Wasser / 50% Acetonitil) gefördert wird. Dieser Betriebsmodus ist bei jeder HPLC-Pumpe möglich. Daneben gibt es die Möglichkeit, dass durch das Zusammenspiel verschiedener Pumpen die Zusammensetzung des Eluenten zeitgesteuert variiert werden kann.

## 10.4    Eingesetzte HPLC Systeme

Die gesamte Methodenentwicklung, die Validierung und die Messungen wurden auf Geräten der Firma Dionex® durchgeführt und mit der Chromatographiesoftware Chromeleon® ausgewertet. Zur Verfügung standen Hoch- und Niederdruckgradienten Systeme mit Dioden-Array-Detektoren.

## 10.5    Problemstellung

Die Anforderung an die Analysenmethode, dass alle Wirkstoffe mit Hilfe von nur einer Methode analysiert werden sollen, stellte sich als besonders anspruchsvoll heraus, da sich die ausgewählten Wirkstoffe in ihrer chemischen Beschaffenheit stark voneinander unterscheiden.

So hat Aciclovir sowohl einen stark basischen als auch einen stark sauren Charakter. Ketoprofen ist neutral. Donepezil und Naloxon sind hingegen mittelstarke Basen. Propafenon ist eine starke Base. Auch die Polaritäten der Stoffe sind sehr unterschiedlich, wobei Propafenon und Ketoprofen die unpolarsten Stoffe sind.

## 10.6    HPLC Säule

### 10.6.1    Auswahl der HPLC-Säule

Für neutrale bzw. über den pH-Wert neutralisierte Moleküle, basische Komponenten oder für Moleküle, die durch unterschiedliche Substituenten oder Isomerie eine Differenz im polaren Charakter aufweisen, eignen sich hydrophobe Phasen. Hier kann in jedem Fall eine gute Peaksymmetrie erwartet werden, häufig erhält man bei organischen Basen auch eine ausreichende Selektivität.

In der Vergangenheit wurde bei Labtec überprüft, welche Säulen bei möglichst unterschiedlichen Trennungen gute Selektivitäten zeigen. Es hat sich gezeigt, dass solche Phasen einen breiten Einsatzbereich zeigen, die zwar einen eindeutig hydrophoben Charakter aber auch eine leichte Polarität aufweisen. Das bedeutet, dass die Säule im Grunde unpolar ist, aber durch ein nicht ganz vollständiges Endcapping eine leichte Polarität aufweist. Dies führt dazu, dass eine Mehrzahl sich in der Polarität unterschiedenen Stoffe getrennt werden. Das Projektteam wählte eine Inertsil ODS-2 Säule aus.

### 10.6.2    Beschreibung der eingesetzten HPLC-Säule

Die Bezeichnung „Inertsil" ist die Materialbezeichnung des Herstellers. Die Endung „-sil" gibt an, dass es sich um eine Phase mit einem Silicagel-Grundgerüst handelt. „ODS" steht für die Modifizierung der Phase und ist eine Abkürzung für den Ausdruck „Octadecylsilan". Es handelt sich um eine C-18 modifizierte Phase. Die Zahl hinter der Phasenbezeichnung („ODS-2") lässt Rückschlüsse auf die Qualität des Endcappings zu.

Der Hersteller der Intersil-Säulen hat ODS, ODS-2 und ODS-3 Phasen im Angebot. Mit steigender Nummer steigt auch die Qualität des Endcappings. Das heißt eine ODS-3 Phase ist besser endcapped (=unpolarer) als eine ODS-2 Phase. Die Angabe „5 µm" nennt die mittlere Korngröße des Materials, die Bezeichnung (150 x4,6) beschreibt die Dimension die Säule in mm.

## 10.7 Durchführung der HPLC Methodenentwicklung

Das Projektteam ging klassisch systematisch und schrittweise vor. Während der Methodenentwicklung wurde vor jedem Schritt eine kurze Ablaufplanung erstellt. Nach jedem Schritt wurden die Ergebnisse beurteilt. Jeder nächste Schritt baute auf den Ergebnissen der voran gegangenen Ergebnisse auf, sodass er entweder verfeinert oder verworfen werden konnte.

Die folgenden Chromatogramme und Erklärungen fassen die wichtigsten Schritte zusammen, die während der HPLC-Methodenentwicklung durchgeführt wurden. Obwohl die Peaks bei verschiedenen Wellenlängen ausgewertet wurden, werden zur Vereinfachung bei diesen Erläuterungen nur Chromatogramme einer Wellenlänge von 233nm gezeigt.

Als erstes wurde ein Übersichtgradient mit Wasser und Acetonitril als Eluenten und einer Laufzeit von einer Stunde gefahren. Es wurde mit 100% HPLC-reinem Wasser begonnen und innerhalb einer Stunde aufsteigend Acetonitril hinzu dosiert bis am Ende 100% Acetonitril gefördert wurde. Als organischer Teil des Eluenten wurde Acetonitril benutzt, da bei Acetonitril im Vergleich mit Methanol der polare Charakter eines Analyten weniger hervortritt.

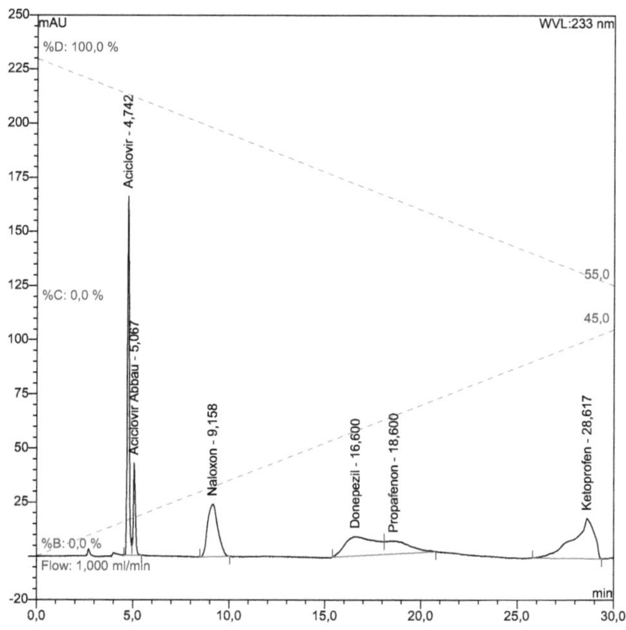


Abbildung 10-1 - Übersichtgradient Wasser / Acetonitril bis 30 Minuten

Bereits in diesem Übersichtchromatogramm sind alle fünf Wirkstoffpeaks detektiert. Obwohl die Laufzeit des gesamten Analysenlaufs eine Stunde ist, werden schon nach 30 Minuten Laufzeit alle Peaks angezeigt. Zu diesem Zeitpunkt ist erst ein Anteil von 45% Acetonitril auf der HPLC-Säule zudosiert worden.

Da sich erfahrungsgemäß die eingesetzte Säule gut in angesäuerten, gepufferten Eluenten verhält, wurde der Wirkstoffmix in einem Kaliumdihydrogenphosphatpuffer mit einer Konzentration von 2g/l und einem pH-Wert von 2,5 analysiert.

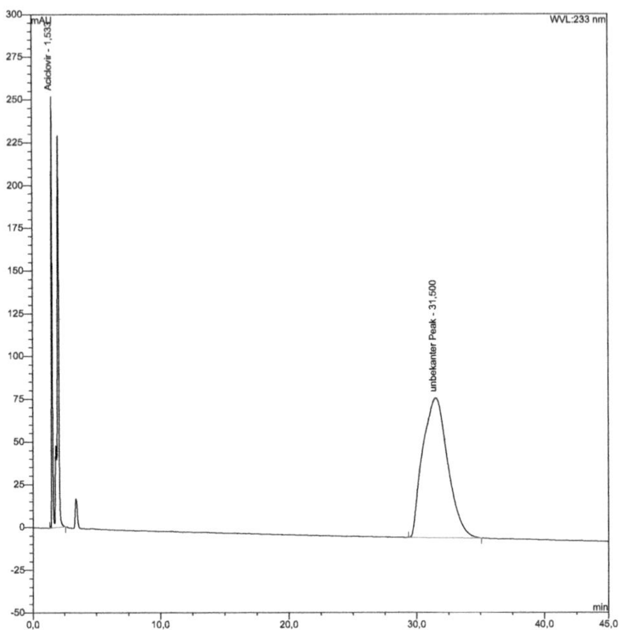


Abbildung 10-2 - Isoktatischer Phosphatpuffer

Es wurden ein Aciclovirpeak und ein unbekannter Peak analysiert. Bei diesem unbekannten Peak handelt es sich vermutlich um eine Mischung aus mehreren Substanzen dessen Spektren nicht eindeutig zuzuweisen sind.

Als Resultat der ersten Tests kommt eine  Mischung aus einem pH-Wert modifizierten Kaliumdihydrogenphosphatpuffer und Acetonitril als Eluent mit einem Gradientenprofil für die Analysenmethode der Wirkstoffe in Frage.

Zur Testung des Gradientenprofils wurde ein Wirkstoffgemisch hergestellt, indem kein Naloxon anwesend war. Der Grund dafür ist, dass der Stoff nur begrenzt zur Verfügung stand.

Als erstes wurde ein Gradientenprofil so programmiert, dass anfangs isokratisch Kaliuimdihydrogenphosphatpuffer gefördert wurde und erst nach fünf Minuten, für eine Dauer von 15 Minuten, ansteigend Acetonitril dazu gefördert wurde. Der Anteil an Acetonitril wurde für fünf Minuten auf 60% gehalten und in weiteren fünf Minuten wurde der Anteil an Acetonitril wieder bis auf 0% reduziert.

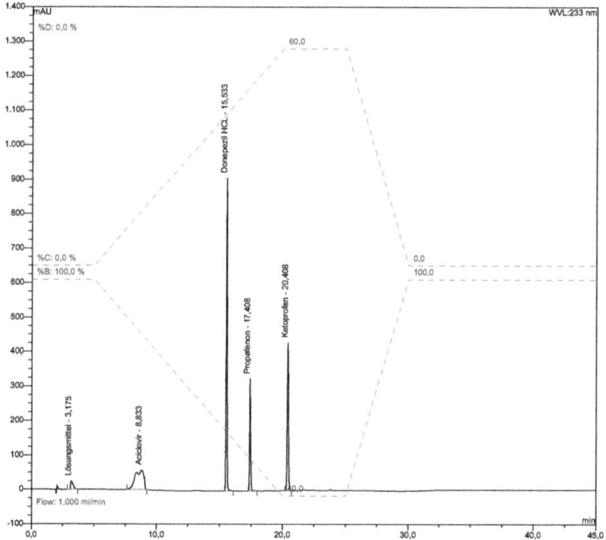


Abbildung 10-3 - Gradient Phosphatpuffer / Acetonitril

Die Peakform in diesem Chromatogramm (Abbildung 10-) ist akzeptabel, einzig das Aciclovir eluiert als Doppelpeak. Um dem entgegenzuwirken, wurde durch Zugabe von Triethylamin (TEA) als Modifier versucht, eine noch schmalere Peakform zu erreichen. Nach der Zugabe von TEA wurde der Kaliuimdihydrogenphosphatpuffer wieder auf einen pH-Wert von 2,5 eingestellt.

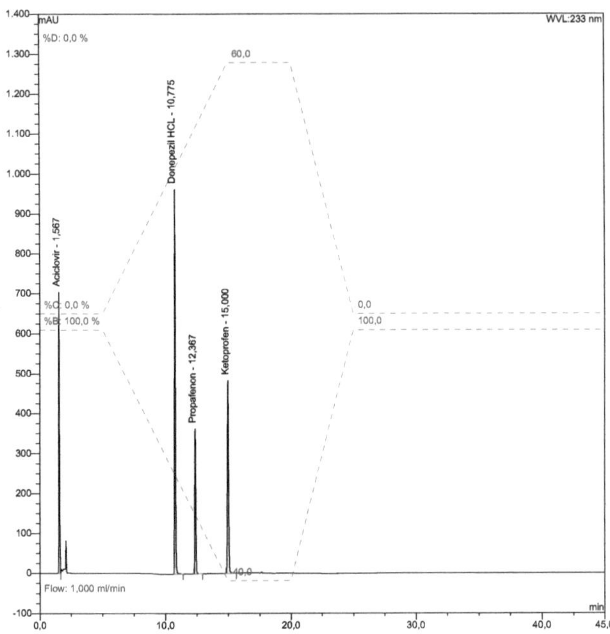


Abbildung 10-4 - Gradient Phosphatpuffer / Acetonitril / TEA

Durch die Zugabe von Triethylamin wurde die Peakform vom Aciclovir sehr schmal, aber seine Retentionszeit verschob sich wieder stark nach vorne.

Um dem entgegenzuwirken wurde im nächsten Schritt schon von Anfang an Acetonitril zudosiert. So kommt es zu einem Gradientenprofil, in dem soviel Kaliuimdihydrogenphosphatpuffer gefördert wurde, dass der Anteil an Acetonitril nach fünf Minuten bereits bei 5% lag. Anschließend wurde für eine Dauer von 10 Minuten soviel Acetonitril dazugefördert, dass der Anteil bei 60% lag. Diese Dosierung wurde für fünf Minuten gehalten und in weiteren fünf Minuten wurde der Anteil an Acetonitril wieder bis auf 0% reduziert.

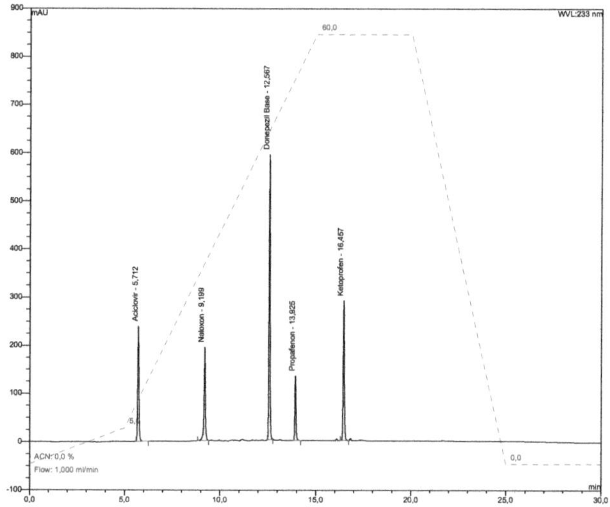


Abbildung 10-5 - Gradient Phosphatpuffer / Acetonitril / TEA

Das Ergebnis war ein Chromatogramm, das eine schmale Peakform und eine gute Trennung zwischen allen Peaks zeigte.

Im Rahmen der Bestimmung der Robustheit der HPLC-Methode wurde Methanol anstelle von Acetonitril als organischer Anteil des Eluenten eingesetzt.

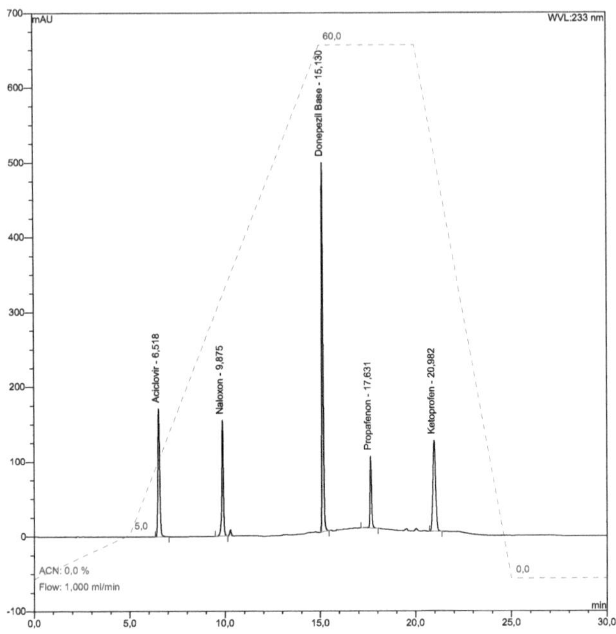


Abbildung 10-6 - Gradient Phosphatpuffer / Methanol / TEA

Bei diesem Vergleich lässt sich klar erkennen, dass die Peaks beim Acetonitril-Puffer-Gradienten eine schmalere Peakform haben und insgesamt weiter voneinander getrennt sind. Die Peaksymmetrie ist bei der Bestimmung mit Acetonitril eher gegeben und die Peaks sind noch ausreichend voneinander getrennt. Die schlechteren Peakformen beim Methanol-Puffer-Gradienten sind zunächst das Ergebnis der höheren Viskosität von Methanol im Vergleich zu Acetonitril.

Des Weiteren wurden auch verschiedene Temperaturen der Säulenöfen getestet, dabei stellte sich heraus, dass eine Temperatur von 40°C optimal ist.

## 10.8 Wellenlängen- und Spektrenbestimmung

Auf den folgenden Seiten werden die Spektren der Wirkstoffe und ein Beispielchromatogramme mit der spezifisch ausgewählten Wellenlänge angezeigt.

### 10.8.1 Aciclovir 254nm

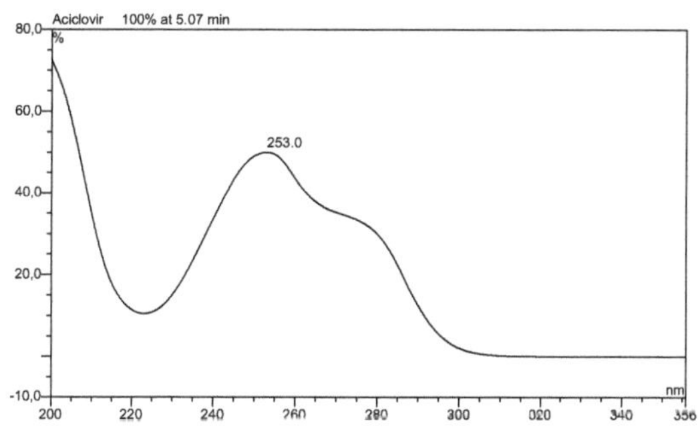


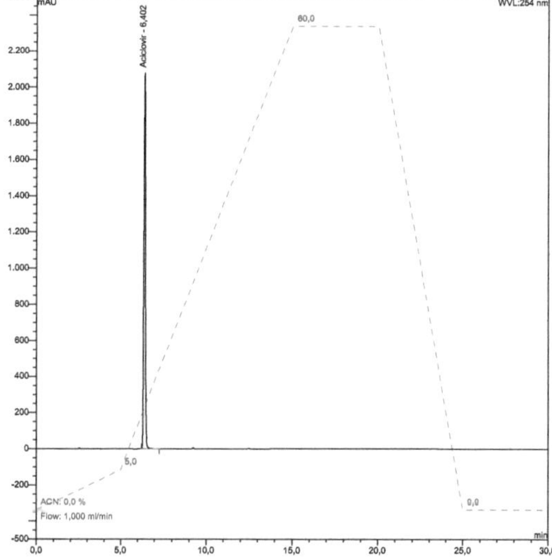


Abbildung 10-7 - Aciclovir Spektrum und Chromatogramm

## 10.8.2    Naloxon 233nm

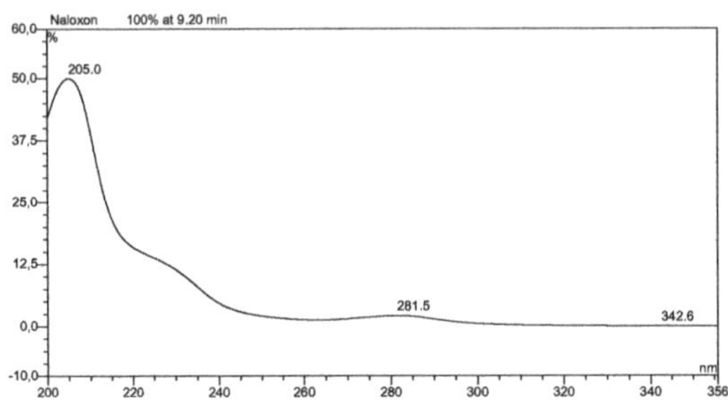


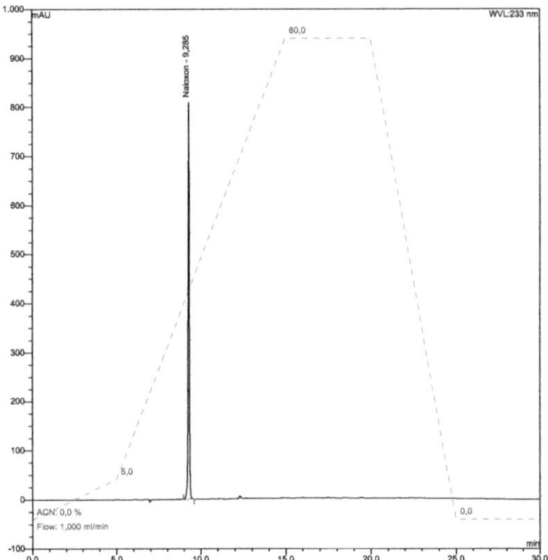


Abbildung 10-8 - Naloxon Spektrum und Chromatogramm

### 10.8.3    Donepezil 268nm

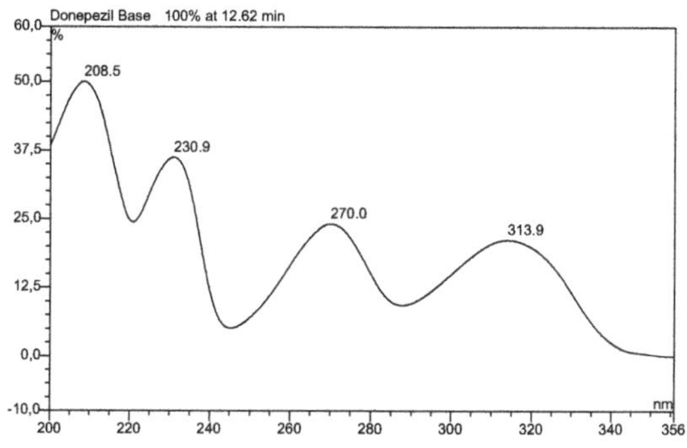

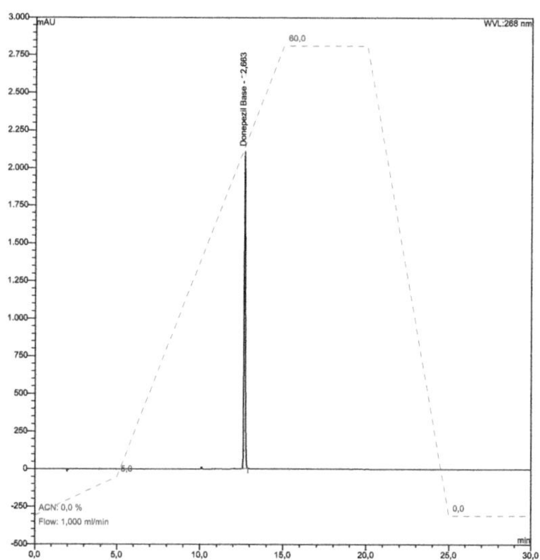

Abbildung 10-9 - Donepezil Spektrum und Chromatogramm

## 10.8.4 Propafenon 305nm

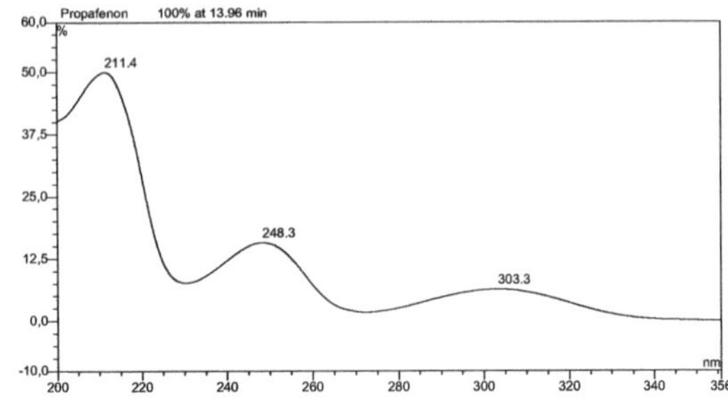

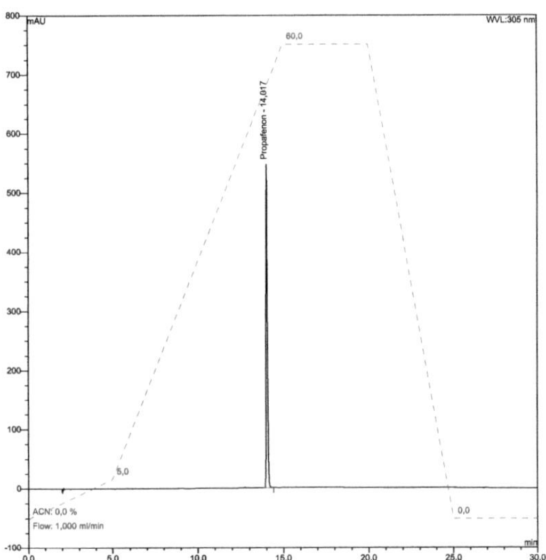

Abbildung 10-10 - Propafenon Spektrum und Chromatogramm

## 10.8.5    Ketoprofen 254nm

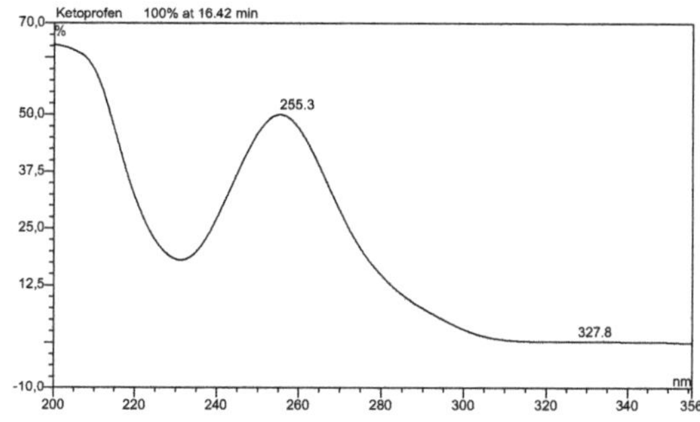


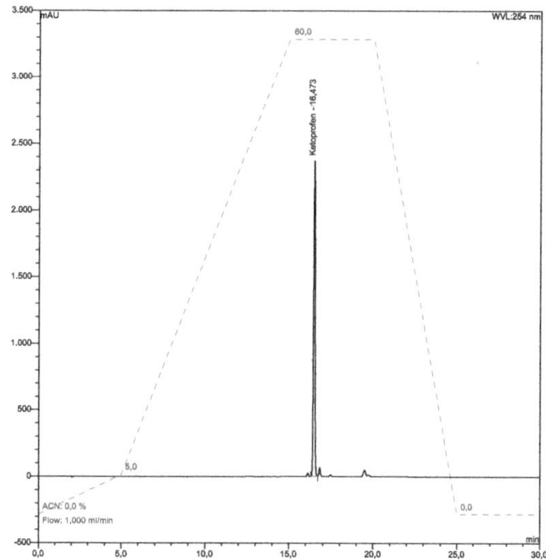


Abbildung 10-11 - Ketoprofen Spektrum und Chromatogramm

## 10.9    Zusammenfassung der Analysenmethode

Zusammenfassend ist festzuhalten, dass sich folgende HPLC-Analysenmethode als die geeignetste Methode erwies, um die fünf Wirkstoffe zu analysieren.

Eluent A:        Kaliumdihydrogenphosphat Puffer pH 2,5

Eluent B :        Acetonitril

Es werden 4g Kaliumdihydrogenphosphat zur Analyse in 2000ml HPLC-reinem Wasser gelöst. 2,0ml Triethylamin zur Analyse  werden zugegeben und unter Rühren vermischt. Mit konzentrierter Phosphorsäure Ph. Eur. wird der pH-Wert auf 2,5 eingestellt und anschließend der gesamte Eluent 10 Minuten im Ultraschallbad entgast.

Stationäre Phase:        Inertsil ODS-2,5 µm, 150 x 4,6 mm

Fluss:        1,0ml / min

Stoptime:        35min

Säulentemperatur:        40°C

Injektionsvolumen:        10 µl

Detektion:        233nm,  254nm, 268nm, 305nm + 3-D-Feld

Gradientenprofil:        Standby-Bedingungen 0% Eluent B

     0 -  5 Minuten        linear auf 5% Eluent B steigend

     5 - 15 Minuten        linear auf 60% Eluent B steigend

     15 - 20 Minuten        60% Eluent B halten

     20 - 25 Minuten        auf 0% Eluent B fallend

     25 - 30 Minuten        Stop

# 11. Analysenmethodenvalidierung

Analytische Verfahren sollten in Anlehnung an die ICH-Guidelines validiert werden. Dies sind harmonisierte Leitlinien für die Prüfung der Qualität, Wirksamkeit und Sicherheit von pharmazeutischen Produkten.

## 11.1 Linearität

Die Linearität der Methode wurde in einem Konzentrationsbereich von 25µg/ml bis 150µg/ml überprüft. Der Vertrauensbereich von 95% des Achsenabschnittes schloss den Wert 0 ein, sodass Proben mit erzwungenem Nulldurchgang ausgewertet werden konnten.

## 11.2 Wiederholpräzision

Bei der Prüfung der Wiederholpräzision wurde eine Vergleichslösung aus fünf frischen HPLC-Vials jeweils zwei Mal injiziert. Das Ergebnis dieser Prüfung war, dass die relative Standardabweichung bei jeder Substanz kleiner als 2% war.

## 11.3 Vergleichspräzision

Es wurden Proben und Eluenten von drei verschiedenen Teammitgliedern hergestellt. Die Analysen wurden an drei verschiedenen HPLC-Systemen durchgeführt. Die relative Standardabweichung der Ergebnisse war kleiner als 5%.

## 11.4 Bestimmungsgrenze

Die Bestimmungsgrenze der HPLC-Methode, für alle Substanzen wurde auf eine Konzentration von 10µg/ml festgelegt.

## 11.5    Nachweisgrenze

Die Nachweisgrenze der HPLC-Methode, für alle Substanzen  wurde auf eine Konzentration von 1µg/ml festgelegt.

## 11.6    Robustheit der HPLC-Methode

Im Rahmen der Robustheit wurden folgende Änderungen bei der HPLC-Methode als unkritisch angesehen: Schwankungen des pH-Wertes ±0,5, Schwankungen der Säulentemperatur um 2°C.

## 11.7    Stabilität der Lösungen

Die Probenlösungen wurden eine Woche bei Raumtemperatur, mit UV Licht mit 245nm ebenfalls bei Raumtemperatur und bei einer Temperatur von 60°C gestresst. Nach einer Woche wurden die gestressten Lösungen mit einer Lösung, die bei Raumtemperatur gelagert wurde, und eine Lösung, die frisch angesetzt wurde, verglichen. Das Ergebnis war, dass die Proben bei einer UV-Stressung Abbau zeigten, aber Temperaturstabil waren.

# 12. Methodenentwicklung zur Überprüfung von Laborglas- und Herstellungsgeräten

Für eine möglichst wirtschaftliche und reproduzierbare Überprüfung der produktberührenden Geräte müssen Reinigungsverfahren und Probenentnahmeverfahren gut durchdacht werden. Aber auch das geeignete Lösungsmittel, das Probeentnahmematerial sowie die zu reinigende und zu beprobenden Laborglas-, Herstellungs- und Reinigungsgeräte müssen im Vorfeld festgelegt werden.

## 12.1 Reinigungsverfahren

Um eine Reinigungsvalidierung durchzuführen, muss im Vorfeld ein geeignetes Reinigungsverfahren festgelegt werden. Dazu wird sämtliches Equipment, welches Produktkontakt hat, in die Reinigungsvalidierung einbezogen.

Je nach Verwendungszweck und Bauart des zu reinigenden Equipments wird zwischen einem vollautomatischen Reinigungsverfahren, einem automatischen Reinigungsverfahren oder einem manuellen Reinigungsverfahren unterschieden.

Bei dem vollautomatischen Verfahren (CIP, clean in place) weist das Equipment nach der Reinigung keine Verunreinigungen mehr auf. Es wird meistens bei geschlossenen Systemen angewendet und bietet eine zeit- und personalsparende Reinigung. Aufgrund der Hinterlegung von Reinigungsparametern im Reinigungsprogramm, bietet dieses Verfahren eine reproduzierbare und standardisierbare Reinigung. Bei dem automatischen Verfahren (WIP, wash in place) weist das Equipment nach dem Programmablauf noch Verunreinigungen auf, die manuell nachbehandelt werden müssen. Die Reinigung durch das manuelle Verfahren erfolgt durch das Personal, das im Vorfeld die Demontierung des Equipments in seine Einzelteile durchzuführen hat. Der Reinigungsprozess verläuft bei allen drei Verfahren mit einer Vorwäsche, einer Hauptwäsche, dem Nachspülen und dem Trocknen. Die Qualität der Reinigung hängt vom Reinigungsmittel, der Temperatur, der Einwirkzeit sowie dem mechanischen Reinigungseffekt ab. Die Auswahl des Reinigungsmittels muss unter Einbeziehung verschiedener Parameter, wie der Art der Verunreinigung und des Reinigungsverfahrens, erfolgen.

## 12.2 Spülmaschinen und Reinigungsmittel

Die Firma Labtec arbeitet mit Miele professional Labor Spülmaschinen der Typen G 7882 und G 7783 welche mit dem Reinigungsmittel „Neodisher A 8" der Firma Dr. Weigert eine vollautomatisch Reinigung durchführen.

Der maschinelle Reiniger „Neodisher A 8" der Firma Dr. Weigert ist ein hoch alkalisches Pulver mit einem pH-Wert von ca. 12,8. Ursache des hohen pH-Wertes ist Natriumhydroxid mit einer Konzentration von 15-30%, Natriummetasilikat-5-hydrat mit einer Konzentration von 5-15% und Natriumcarbonat mit einer Konzentration von 5-15%.

## 12.3 Auswahl der Laborglas- und Herstellungsgeräte

Hinsichtlich der Wirtschaftlichkeit, muss nicht jedes einzelne Gerät zur Überprüfung einbezogen werden, sondern nur ein Vertreter einer Gruppe mit gleicher Bauweise und gleicher Funktion. Für die Betrachtung der „Gleichheit", werden die produktberührenden Bauteile, hinsichtlich ihrer Geometrie, der Materialeigenschaften, der Oberflächenbeschaffenheit und der für die Reinigung kritischen Stellen miteinander verglichen. Weist das Equipment in diesen Eigenschaften keine Unterschiede auf, kann es als baugleich anerkannt werden. Ist keine identische Bauart sichergestellt, muss das Equipment in die Reinigungsvalidierung aufgenommen werden.

Bei der Auswahl der Laborglasgeräte hat sich das Projektteam für Borosilikat- und Quarzglas mit verschiedenen Bauarten entschieden, um eine Affinität zu einer speziellen Glassorte auszuschließen. Bei der Auswahl der geeigneten Bauarten wurden gut zu beprobende Glasgeräte, wie Glasplatten und Ringe, sowie für die Beprobung kritisch zugängige Glasgeräte wie Vollpipetten in das Reinigungsverfahren mit aufgenommen. Hinzu kamen Herstellungsgeräte aus Edelstahl des Pilot Coater (siehe Kap. **Fehler! Verweisquelle konnte nicht gefunden werden.**), die besonders kritisch wegen der Klebermischung und der Bauform zu betrachten sind.

## 12.4    Probenahme

Für den Nachweis von Produktrückständen oder Reinigungsmittelrückständen auf dem Equipment müssen Proben entnommen werden. Die Probeentnahme kann nach zwei anerkannten Verfahren durchgeführt werden: Die direkte Probeentnahme mittels Wischtest (swab test) und die indirekte Probeentnahme mit Hilfe eines Spülverfahrens (final rinse). Der Oberflächenwischtest wird in Regelwerken als geeignete Methode genannt. So werden lösliche sowie unlösliche Verunreinigungen auf Oberflächen erfasst. Da die Probeentnahme durch Oberflächenwischtests technisch nicht immer möglich ist, kann eine Untersuchung der letzen Spüllösung (final rinse) oder durch eine spezielle Reinigungslösung erfolgen. Eine Kombination mehrerer Probentnahmetechniken ist daher sinnvoll.

### 12.4.1    Wischtest

Die Probeentnahme mittels des Wischtests, wird mit Swabs oder Vliesmaterialien durchgeführt. Swabs besitzen einen Wischkopf, aus zum Beispiel Baumwolle oder Schaumstoff, der an einem  Kunststoff- oder Holzgriff befestigt ist. Je nach Art des Produktrückstandes oder Reinigungsmittelrückstandes muss das Material der Swabs und der Vliese mit Bedacht ausgewählt werden. Das Probeentnahmematerial muss die Rückstände möglichst vollständig aufnehmen und am Ende der Probeentnahme beim Extrahieren möglichst vollständig wieder abgeben. Ein weiteres Kriterium ist an das Probeentnahmematerial zu stellen. So dürfen keine extrahierbaren Bestandteile enthalten sein, die bei der Analytik stören könnten. Die meisten pharmazeutischen Laboratorien entscheiden sich daher für Vliesmaterial.

Beim Wischtest wird eine spezifische im Vorfeld festgelegte Fläche, mit einem lösungsmittelgetränkten Probeentnahmematerial abgerieben. Die genaue Einhaltung der Vorgegeben Richtungen und die Anzahl an Wiederholungen beim Wischtest muss zum Erreichen von reproduzierbaren Ergebnissen eingehalten werden.

Das Lösungsmittel sollte so ausgewählt werden, dass möglichst alle Rückstände gelöst werden. Nach Beendigung des Wischtests muss der Rückstand aus dem Probeentnahmematerial extrahiert werden. Bei dem Wischtest ist die Reproduzierbarkeit nicht vollständig gewährleistet, da schwer zugängliche Stellen nicht beprobt                          werden                          können.

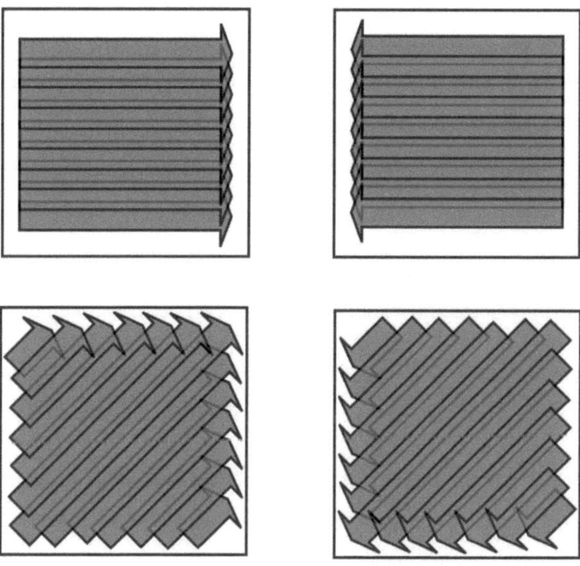

Abbildung 12-1 - Richtungsangaben und Wiederholungen des Wischtestes

## 12.4.2    Spülverfahren

Das Spülverfahren bietet sich besonders für geschlossene Systeme oder Bauteile an, bei denen die zu beprobenden Oberflächen schwer zugängig sind. Bei der Durchführung wird die Oberfläche des produktberührenden Equipments vollständig mit einem definierten Lösungsmittel gespült. Dabei ist das geeignete Volumen des Lösungsmittels im Vorfeld festzulegen. Das Volumen des Lösungsmittels ist so zu wählen, dass der komplette Rückstand gelöst wird und trotzdem noch nachweisbar ist.

### 12.4.3    Lösungsmittel

Die Auswahl des geeigneten Lösungsmittels ist sowohl beim Spülverfahren als auch beim Wischtest gut zu durchdenken. Es muss sichergestellt werden, dass das Lösungsmittel die produktberührende Oberfläche vollständig reinigt ohne mit den Produktrückständen oder der Oberfläche zu reagieren. Das Lösungsmittel muss so ausgewählt werden, dass sich eine möglichst große Menge des Rückstands sehr gut darin löst.

Um diesen Anforderungen gerecht zu werden, wurden Lösungstests mit folgenden Lösungsmitteln in verschiedenen Konzentrationen und Mischungen durchgeführt:

Ethanol, Aceton, Propan-2-ol, Methanol, Acetonitril, Salzsäure,  Tetrahydrofuran, Wasser, Dimethylsulfoxid, Natronlauge, Ethylacetat, Schwefelsäure.

Die durchgeführten Tests zur Löslichkeit zeigten, dass sich die kritischen Substanzen besser in einer schwachen Säure lösten als in einer starken. Ebenso wurde die Löslichkeit durch das Mischen zweier Lösungsmittel oft verbessert.

Bei der Auswahl des geeigneten Lösungsmittels veranschaulichten die Tests, dass sich Donepezi-Base und Aciclovir-HCl am besten in einer 0,1 M Salzsäure lösten. Ketoprofen-Base, Naloxon-Base und Propafenon-HCl lösten sich allerdings am besten in einer 1:1 Mischung von 0,1M Salzsäure und Acetonitril. Für das Lösen der fünf kritischen Substanzen in einem Lösungsmittel entschied das Projektteam sich für die 1:1 Mischung (0,1M Salzsäure : Acetonitril).

### 12.4.4    Durchführung

Bei der Probeentnahme hat sich das Projektteam für den Wischtest mit Synthetiktüchern und für das Spülverfahren mit dem speziellen Lösungsmittel entschieden.

Für das Spülverfahren wurden vier 5ml Vollpipetten mit einer konzentrierten Mischung der kritischen Substanzen, die eine Konzentration von je 100 µg/ml besitzt, bis zur Ringmarke aufgezogen und sofort wieder entleert. Anschließend wurden zwei der Vollpipetten eine Woche in dem Lösungsmittel (1:1 / 0,1M Salzsäure: Acetonitril) bis zur Eichmarke eingeweicht. Die anderen zwei Vollpipetten  wurden im Vorfeld circa zwei Minuten mit Leitungswasser gespült und anschließend auch bis zur Ringmarke im Lösungsmittel eine Woche eingeweicht. Nach Beendigung der Einwirkzeit konnte das Lösemittel mit den gelösten Substanzen in Vials abgefüllt werden.

Die Probeentnahme, mit Hilfe des Wischtests, wurde mit verschiedenen Glasarten und Formen durchgeführt. Bei der Auswahl des Probeentnahmematerials entschied sich das Projektteam für vierlagige Synthetik-Tücher, aus Polyester der Firma Texwipe Type TX 404, mit einer Größe von 8cm$^2$. Für die Sicherstellung der Standardisierbarkeit wurden 20 Tücher hintereinander gewogen. Die relative Standardabweichung des durchschnittlichen Gewichts lag unter 0,5%.

Für den Wischtest wurden vier Platten aus Borosilikatglas mit einer Größe von 10 x 10cm verwendet. Die Platten wurden jeweils mit 2ml Mischprobe, die eine Konzentration von je 500µg/ml besaß, kontaminiert und eine Stunde bei 105°C getrocknet. Zwei dieser Platten wurden im Vorfeld in der Spülmaschine gereinigt und anschließend drei Mal mit den Synthetiktüchern beprobt. Um eine Wiederfindbarkeit sicher zu stellen, wurden die zwei anderen Platten direkt beprobt. Vor der Beprobung wurden für jede Glasplatte drei Synthetiktücher mit 2ml Lösungsmittel angefeuchtet und anschließend nacheinander von beiden Seiten für ein vertikales Wischen genutzt. Die zu beprobende Oberfläche musste so lange gewischt werden, bis sie vollständig benetzt war. Nach Beendigung der Probenentnahme wurden zu jedem Probenentnahmetuch in einem Glas weitere 3ml Lösungsmittel (1:1 / 0,1M Salzsäure : Acetonitril) hinzugefügt. Das gesamte Lösungsmittel mit Probenentnahmetuch wurde anschließend jeweils 15 Minuten in einem Kreisschüttler und einem Ultraschallbad extrahiert und homogenisiert. Anschließend wurden die Proben, mit Hilfe von 2ml Einmal-Spritzen und Spritzenvorsatzfilter aus regenerierter Cellulose mit einer Porengröße von 0,45µm (Macherei-Nagel, Chromafil RC-45/25; 0,45µm) filtriert.

Ein weiterer Wischtest wurde mit Objektträgern aus Borosilikatglas der Größe 76 x 26mm und einer Dicke von 1mm durchgeführt. Achtzehn Objektträger wurden zwei Minuten in die Mischprobe der kritischen Substanzen, mit einer Konzentration von je 100µg/ml, gelegt. Anschließend wurde jeder Objektträger für zwei Sekunden abgetropft und eine Stunde bei 105°C getrocknet. Während des Trockenvorgangs wurden jeweils neun der Tücher für fünfzehn Minuten in 0,1 M Salzsäure und in dem Lösungsmittel eingeweicht. Vor der Beprobung mussten die Tücher an der Wand des Gefäßes abgestreift werden, bis keine Flüssigkeit mehr aus dem Tuch heraus tropfte. Nach dem Trocknen beprobte jedes Teammitglied jeweils drei Objektträger mit einem in 0,1 M Salzsäure getränkten Synthetiktuch und drei Objektträger mit einem in Lösungsmittel getränkten Synthetiktuch. Um eine Reproduzierbarkeit sicherzustellen war bei der Probeentnahme von Bedeutung, dass sich jedes Teammitglied an die festgelegte Wischtechnik hielt. Die Wischtechnik bestand aus einem vertikalen Wischen des „klaren" Glasstücks mit einer Fläche von 14,3cm$^2$. Der „trübe" Teil des Objektträgers wurde ausgespart. Mit jeder Seite des Probeentnahmematerials wurde fünf Mal über die produktberührende Oberfläche gewischt. Nach der Probeentnahme wurden die Tücher, mit Hilfe von 2ml Einmal-Spritzen, extrahiert. Um die Wiederfindbarkeit der maximal aufgenommenen Mischprobe mit einer Konzentration von je 100µg/ml im vollständig benetzten Probeentnahmematerial nachzuweisen, wurden von jedem Teammitglied drei mit der Mischprobe kontaminierte Synthetiktücher extrahiert.

Zum Schluss wurde der Wischtest an Quarzglas-Ringen, mit einer Fläche von 32cm$^2$, durchgeführt. Dazu mussten drei Ringe in eine konzentrierte Mischprobe der fünf kritischen Substanzen, mit einer Konzentration von je 500µg/ml, gelegt werden. Nach zwei Minuten wurden die Ringe bei 105°C für eine Stunde im Trockenschrank getrocknet. Nach dem Trocknen wurden die Glasringe in der Spülmaschine gereinigt. Während des Reinigungsvorgangs wurden drei Synthetik-Tücher in dem Lösungsmittel (1:1 / 0,1M Salzsäure : Acetonitril) für 15 Minuten eingeweicht. Vor Benutzung mussten die Tücher am Rand des Behälters so lange abgetupft werden, bis sie nicht mehr tropften. Für die Beprobung der Mantelfläche wurde die innere Fläche des Ringes fünf Mal mit dem benetzten Probenentnahmematerial umkreist. Nach Beendigung der Probeentnahme wurden die Tücher mit Hilfe von 2ml Einmal-Spritzen extrahiert.

## 12.5 Analyse

Nach Beendigung der Probeentnahme, wird der gelöste Rückstand analysiert, um sicherzustellen, dass die Produktrückstände oder Reinigungsmittelrückstände unterhalb der festgelegten Akzeptanzgrenzen liegen.

## 12.6    Grenzwerte[6]

Die Festlegung der Grenzwerte und Akzeptanzkriterien für die Reinigungsvalidierung ist ein Element eines Validierungsplans. Die Grenzwertfindung folgender Kriterien basiert auf internationalen Richtlinien.

### 12.6.1    Visually Clean Kriterium

Dieses Kriterium basiert auf einer einfachen visuellen Überprüfung der gereinigten Oberfläche. Hierbei gilt, dass das menschliche Auge etwa 1-4µg/cm² einer weißen Substanz gerade noch erkennen kann. Nachteile dieser Methode sind, dass sie nur bei frei einsehbaren Flächen angewendet werden kann und auch nicht für alle Substanzen, zum Beispiel Lösungen, geeignet ist. Bei alleiniger Anwendung dieser Grenzwertberechnung ist die visuell wahrnehmbare Grenze für die zu validierende Substanz und das gewählte Oberflächenmaterial zu bestimmen. Aufgrund der schnellen und einfachen Ausführung wird dieses Kriterium oft zusätzlich zu einem strengeren durchgeführt. Häufig wird der Visually Clean Aspekt um eine organoleptische Komponente erweitert. So können bestimmte Substanzen, zum Beispiel ätherische Öle, auch in sehr geringerer Konzentration geruchlich wahrgenommen werden.

### 12.6.2    10-ppm Kriterium

Das 10-ppm Kriterium besagt, dass in einem Nachfolgeprodukt höchstens 10ppm des Vorproduktes vorhanden sein dürfen.

### 12.6.3    0,1%-Dosis Kriterium

Dieses pharmakologische Kriterium verlangt, dass höchstens 1/1000 der minimalen therapeutischen Dosis eines Vorproduktes in der maximalen täglichen Applikationsmenge des Folgeproduktes zu finden sein darf. In der Berechnung spielen die pharmakologischen Eigenschaften des Vor- und des Nachfolgeproduktes eine Rolle.

---

[6] GERD KUTZ, ARMIN WOLFF, Pharmazeutische Produkte und Verfahren, Wiley-VCH, 2007.

### 12.6.4    Kriterium für Problemprodukte

Für bestimmte Substanzen, wie Hormone, Zytostatika und auch hochpotente Opioide wird auf die Berechnung von Grenzwerten verzichtet. Stattdessen dürfen keine Rückstände mit der besten, vorhandenen Analysenmethode nachweisbar sein. Die Akzeptanzgrenze liegt unterhalb der Nachweisgrenze der Analysenmethode.

### 12.6.5    Festlegung des Kriteriums

Das Substanzportfolio der Firma Labtec hält unter anderem Hormone, Substanzen mit zytostatischer Wirkung und mehrere Opioide bereit. Durch diese Substanzen sind Kreuzkontaminationen mit einem hohen Risiko behaftet, sodass im Rahmen dieser Projektarbeit das Kriterium für Problemprodukte als Akzeptanzgrenze in Frage kommt.

# 13. Methodenvalidierung zur Überprüfung von Laborglasgeräten

Die Durchführung der Teilvalidierungsschritte ist in Kapitel 12.4.4 eingehend beschrieben.

## 13.1 Wiederholpräzision

Bei der Prüfung der Wiederholpräzision wurden die beschriebenen Wischtests durchgeführt. Es wurde eine dreifache Bestimmung durchgeführt. Die Standardabweichung der Ergebnisse war kleiner als 5%

## 13.2 Vergleichspräzision

Bei der Prüfung der Vergleichspräzision wurden die beschriebenen Wischtests durchgeführt. Es wurde eine dreifache Bestimmung mit drei Projektteammitgliedern durchgeführt. Die Standardabweichung der Ergebnisse war kleiner als 10%.

## 13.3 Stabilität der Prüflösungen

Die Prüflösungen waren nicht länger als einen Tag im Lösungsmittel haltbar. In 0,1M Salzsäure hingegen konnte eine Stabilität von fünf Tagen erreicht werden.

## 14.  UV-Test mit Vitamin B$_2$

Vitamin B$_2$ (Riboflavin) kann in der Pharmaindustrie zur Kontrolle von Reinigungsprozessen eingesetzt werden.

Riboflavin hat eine hohe Affinität zu Glasoberflächen und zeigt auch in geringer Konzentration eine starke UV-Absorption. Riboflavin ist in Wasser schlecht löslich, lichtempfindlich, jedoch sehr hitzestabil. Diese Eigenschaften können in Kombination mit dem Visually Clean Kriterium zur einfachen visuellen Kontrolle der Effektivität der Reinigungsleistung von Laborspülmaschinen verwendet werden. So kann gegebenenfalls eine Anpassung der Spülprogramme erfolgen.

## 15.  Ergebnisse und Zusammenfassung

Das zuvor gesetzte Ziel des Projektteams, eine Analysenmethode zu entwickeln, mit der kritische Kreuzkontaminationen von pharmazeutischen Substanzen nachgewiesen werden können, wurde erreicht. Die Analysenmethode kann mögliche Kreuzkontaminationen der ausgewählten kritischen Substanzen nachweisen und wurde anhand ausgewählter Validierungskriterien geprüft. In Umgebungen mit Regelungsbereichen der Guten-Herstellungs-Praxis erfordert die entwickelte Analysenmethode weitere Prüfungskriterien anhand einer Reinigungsvalidierung. Des Weiteren wurden Laborglas- und Herstellungsgeräte der Firma Labtec auf mögliche Kreuzkontaminationen hin überprüft.

Die bei der Firma Labtec untersuchten Laborglasgeräte wiesen auch bei worst case Szenarien unter Stressbedingungen und anschließender vollautomatischer Reinigung keine Kreuzkontaminationen der ausgewählten kritischen Substanzen auf.

Für weiteres Vorgehen, im Rahmen einer Reinigungsvalidierung empfiehlt das Projektteam in weitere Überlegungen, die Eigenschaften von Vitamin $B_2$ einfließen zu lassen.

# Literaturverzeichnis

- EG-GMP LEITFADEN, Anhang 15, Punkt 42, Seite 8, Juli 2001.

- CLAUDIA GRZESZKI , ROLF PIEPHO, Reinigungsvalidierung in der Herstellung fester Arzneiformen, Pharm. Ind. 70, Nr. 4, Seite 523-529 (2008), ECV Verlag Aulendorf.

- DIONEX® CHROMELEON®, Benutzerhilfe und Systemhandbuch.

- DOMINIK, STEINHILBER, Instrumentelle Analytik, DAV (2. Auflage) 2002, Seite 153, ISBN 3769229940.

- DR. WEIGERT GMBH, Sicherheitsdatenblätter „neodisher LaboClean A 8".

- GERD KUTZ, ARMIN WOLFF, Pharmazeutische Produkte und Verfahren, Wiley-VCH, 2007; ISBN 3527312226.

- GRONBACH, KERSKI, Ausarbeitung zum Fachreferat zum Thema „Hochleistungs-Flüssigkeits-Chromatographie", 2007.

- JÖRG KOPPENHÖFER, Reinigungsvalidierung im Wirkstoffbereich bei Mehrprodukteanlagen, Pharm. Ind. 70, Nr. 8, Seite 1024-1030 (2008), ECV Verlag Aulendorf.

- LABTEC GMBH, Standard Operating Procedure, Nummer 030.

- LABTEC GMBH, www.labtec-pharma.com, Stand: 19.12.2008.

- PIC/S, Validation Master Plan Insterlation and Operational Qualification Non-Sterile Process Validation Cleaning Valodation, PI 006-3, 25. September 2007.

- STACHE, Tensid Taschenbuch, 2. Ausgabe, Hanser, ISBN 446134743.

- TESA AG, www.tesa.de - Presse „tesa AG übernimmt Labtec GmbH", Stand: 19.12.2008.

## Abbildungsverzeichnis

**Formelle Informationen**

Thema:              Entwicklung eines Analyseverfahrens zur Bestimmung von
                    pharmazeutischen Kreuzkontaminationen an Laborglas und
                    Herstellungsgeräten.


Vorgelegt von:      **Frau Jessika Becker**


                    **Herr Axel Gronbach**


                    **Herr Sebastian Kerski**


In Zusammenarbeit mit:      **Labtec GmbH**
                            Raiffeisenstr. 4
                            40764 Langenfeld
                            www.labtec-pharma.com


**Freigabe zur Veröffentlichung**

Diese Projektarbeit wurde durch Vertreter der Firma Labtec GmbH geprüft und zur
Veröffentlichung freigegeben.